Rico Nestmann

Das kleine Ostseemöwenbuch

Rhino Westentaschen-Bibliothek
Band 33

Seevoge

Rico Nestmann

DAS KLEINE OSTSEE MÖWEN BUCH

RHINOVERLAG

Trotz gewissenhafter Bearbeitung kann eine Haftung für den Inhalt nicht übernommen werden. Für aktuelle Ergänzungen und Anregungen ist der Verlag jederzeit dankbar.
Wir bedanken uns bei allen, die uns unterstützt haben.

Fotos: Rico Nestmann, außer Seite 19: Ute Schmidt; Seiten 21, 32/33, 39, Rückseite: Dr. Lutz Gebhardt; Seite 27: Henry Czauderna

zu Foto S. 2: Sturmmöwen sitzen im Brutrevier gern auf erhöhten Punkten, von denen aus sie die Landschaft am Meer überschauen. Dafür wird auf der Vogelinsel gern das Hinweisschild auf das Schutzgebiet genutzt.

Impressum

© 2015 RhinoVerlag Dr. Lutz Gebhardt & Söhne GmbH & Co. KG
Am Hang 27, 98693 Ilmenau
Tel.: 03677/46628-0, Fax: 03677/46628-80
www.RhinoVerlag.de

Titelbild: Lachmöwen am Meer als weiße Segler im Wind; Rico Nestmann
Layout, Satz: Werbepunkt Ute Schmidt, Geraberg
Schrift: Adobe Caslon Pro
Titelgestaltung: Jana Rogge, Weimar

3. Auflage 2021
ISBN: 978-3-95560-033-4

Inhaltsverzeichnis

6 Vorwort

8 Weltenbummler und Sehnsuchtsvögel

26 Möwen der Ostsee

42 Mantelmöwe

52 Silbermöwe

62 Sturmmöwe

72 Lachmöwe

82 Schwarzkopfmöwe

92 Literatur

Vorwort

Möwen nehmen unter den Vögeln eine besondere Stellung ein. Sie sind wagemutig, schön, schlau und manchmal auch witzig. Seit jeher stehen diese Tiere in einer besonderen Beziehung zum Menschen. Vielerorts begleiten sie ihn auf Schritt und Tritt. Mit der Möwe assoziieren wir das weite Meer, den blauen Himmel, den weißen Strand, den tuckernden Fischkutter oder das salzige Wasser. Obwohl diese kühnen Segler im Wind auf allen Weltmeeren zuhause sind, haben sie sich bevorzugt in Küstenregionen dem Menschen angeschlossen und profitieren hier als echte Kulturfolger in besonderer Art und Weise vom Tun und Handeln der Zweibeiner. Als Naturfotograf begegne ich den Möwen seit mehr als zwei Jahrzehnten mit meinen Kameras und Teleobjektiven auf Augenhöhe und habe ihnen an Küsten, auf Vogelinseln oder in Häfen über ihre grauen, braunen oder schwarzen Schultern geschaut. So soll das vorliegende Buch Lust auf Möwe und Meer machen. Es stellt die wichtigsten Möwen der Ostsee vor und liefert Einblicke in das Leben der Mantel-, Silber-, Sturm-, Lach- und Schwarzkopfmöwe. *Rico Nestmann*

Möwen gehören in einen Hafen wie Fischkutter, Netze und Reusen

Weltenbummler und Sehnsuchtsvögel

Möwen genießen vielerorts einen schlechten Ruf – vor allem als nimmersatte Alles- und Immerfresser. Andererseits transportieren sie als Weltenbummler und Sehnsuchtsvögel unsere Träume. Welches Bild auch stimmt: Möwen sind faszinierende Küstenvögel, die für die Ostsee das Salz in der Flut sind und den Landschaften an Bodden und Meer einen besonderen Reiz verleihen.

Menschen am Meer werden ein Leben lang von Möwen begleitet. Die Vögel ziehen mit scharfem Blick über schmucken Hafenpromenaden ihre Kreise oder segeln in mühelosem Flug durch die Straßen- und Häuserschluchten der Küstenstädte. Sie folgen den Menschen auf der Mole, wenn diese zum Angeln gehen oder den Fischkuttern auf offener See, wenn diese Heringe, Dorsche oder Makrelen fangen. Möwen stürzen furchtlos durch Stürme und Orkane, während wir Menschen hektisch unsere wackligen Strandhütten auf Rügen,

Sturmmöwen folgen den Menschen auf Schritt und Tritt und behalten deren Treiben im Auge

Hiddensee, Usedom oder Fischland-Darß-Zingst verbarrikadieren.

Die eleganten Segler im Wind werfen krachend Muscheln auf Findlinge, damit sie an deren Fleisch kommen, jagen geschickt nach Garnelen oder verschwimmen in weißem Federkleid mit den weißen Kreidefelsen. Sie tauchen auf hoher See aus dem Nichts auf, wenn jemand den Kombüsenabfall ins Wasser kippt, und sie verschwinden ebenso schnell und lärmend, sobald die Fütterung vorbei ist. Kreischend zeigen sie das Auftauchen von Walen oder die Anwesenheit von Haien sowie größeren Fischschwärmen an. Wo immer wir Menschen uns zum Fischen, Schwimmen, Tauchen, Segeln oder Surfen aufhalten – immer ist es im Reich der Möwen. An Land scheinen sie auf etwas zu warten, von dem wir lieber nichts wissen wollen. Auf ihre Wachsamkeit und ihren Hunger ist Verlass. Man findet sie an allen Küsten der Welt und sie tragen stolze Namen:

Silbermöwe, Sturmmöwe, Elfenbeinmöwe, Eismöwe, Rosenmöwe oder Polarmöwe.
Dennoch genießen Möwen keinen guten Ruf. Sie hatten nie viele Freunde – wenn man einmal von Hans Albers oder Richard Bach absieht. Sie gelten

Auf den Kaimauern der Häfen und den Flaniermeilen am Meer haben viele Möwen ihre Scheu vor dem Menschen abgelegt und hoffen auf Futtergaben

Vogelschützern als „Problemvögel", weil sie die Gelege seltener Arten plündern und auch deren Brut nicht verschonen. Man hat sie des Kannibalismus überführt, da sie mitunter sogar ihre Artgenossen töten und fressen. Fischer und Denkmalschützer hassen sie und auch in der Literatur kommen sie nicht gut weg. Edgar Allan Poe lässt sie gegen Ende seines „Berichts des A. Gordon Pym" als Menschenfresser herbeisegeln, die sich über die Leichen eines antarktischen Totenschiffes hermachen. Kapitän Ahab kündigen sie das Auftauchen von Moby Dick und damit sein Ende sowie den Untergang der „Pequod" an. Auch bei Defoe, Stevenson und Conrad bedeutet ihr Schrei oft nahendes Unheil. Eine besonders schöne Geschichte über Möwen hat der amerikanische Schriftsteller Richard Bach im Jahre 1970 in seinem Roman „Die Möwe Jonathan" veröffentlicht. Darin schildert der Autor in drei Teilen das Leben der Möwe Jonathan, die sich durch ihre individuelle Lebensweise von ihren Artgenossen abhebt. Die Möwe strebt Perfektion im Fliegen an und wird daher von den anderen Möwen ausgegrenzt. Die anderen Möwen fliegen, um zu leben, doch Jonathan will leben, um zu flie-

Lachmöwen – hier im Winterkleid – sind gern in größeren Schwärmen unterwegs, da viele Vögel bei der Nahrungssuche sehr hilfreich sind

Sturmmöwen brüten an der Ostseeküste überwiegend auf Vogelinseln, die als Küstenvogelschutzgebiete streng geschützt sind

gen – und um seine Flugkunst zu vervollkommnen. Von vielen Menschen werden Möwen jedoch als Sehnsuchtsvögel bewundert – schließlich umrunden sie die Weltmeere, haben Länder und Kontinente unter ihren Flügeln und schweben scheinbar über den Dingen. Die unerfüllten Träume vieler Menschen von einem unabhängigen Leben jenseits von Terminkalendern und stressigem Alltagseinerlei werden vom Bild des freien Vogels genährt. Sich einmal furchtlos den Gefahren von Wind und Wetter aussetzen, einsam die Weite des Ozeans überwinden oder den Flüchen und Segnungen der Zivilisation entfliehen – für viele Menschen bleibt das für immer ein Traum. Als Symbole derartiger Träume fliegen Möwen durch alle Zeiten. Sie kommen in Shantys, Reiseberichten und Strandgedichten vor. Als Traumfänger und Sehnsuchtsvögel sind Möwen besonders gut geeignet, denn im Vergleich zu anderen

Seevögeln, von denen die meisten Arten einer breiten Masse unbekannt bleiben, gehören Begegnungen mit Möwen an Bodden, Strand und Meer zur gelebten Normalität. Auch der Seeadler ist nicht für die Rolle eines Traumsymbols geeignet, denn den meisten Menschen ist es in ihrem Leben

Lachmöwen im Winterkleid: vom braunen Gesicht des Sommers ist nur ein dunkler Fleck hinter dem Auge übrig

nicht vergönnt, dem König der Lüfte in freier Wildbahn zu begegnen.

Auch seriöse Autoren konnten sich nie ganz von Möwenklischees befreien. Wilhelm Müller, der Dichter der Schubertschen „Müllerin“-Lieder, entwarf in seinem Gedicht „Muscheln von der Insel Rügen“ ein Idyll zwischen Möwe und Seehund, die in einer kitschigen Symbiose ihr Meeresglück erleben. Conrad Ferdinand Meyer sah im Spiegelbild ihres Fluges über dem Wasser die alte Frage nach Schein und Sein und Zweifel an der Tiefe seines Dichtertums aufsteigen. Theodor Storm hörte bei ihrem Schrei Stimmen über der Tiefe. Bei Anton Tschechow muss die abgeschossene und ausgestopfte Möwe im gleichnamigen Stück das Ende des unglücklichen Schriftstellers Treplew und der von ihm angebeteten Schauspielerin Zaretschnaja voraussagen, bevor sie auf einer Anrichte verstaubt. Selbst in den frühen Gedichten von Rimbaud und Brecht dienen Möwen vor allem als Abenteuerstaffage zwischen anderen maritimen Requisiten. Pablo Neruda verglich in seiner „Ode an die Möwe“ ihre ruhelose Fressgier mit der von herrenlosen Hunden in heruntergekomme-

Großmöwen beziehen tagsüber verschiedene Aussichts- und Ruheplätze am Meer, von denen sie die Umgebung genau im Auge behalten

nen Hafenvierteln. Der Schriftsteller Roberto Piumini erklärt in der Erzählung „Motu-Iti“ sogar die Entstehung der Steingiganten auf der Osterinsel aus den Angriffen rachsüchtiger Möwen. Bis heute darf sich bei den dort lebenden Ureinwohnern der Sieger eines gefährlichen Schwimmwettkampfes durchs Meer „Möwenmann“ nennen.

Die merkwürdigste Möwe habe ich als Schüler im Klassenzimmer für den Biologieunterricht gesehen. Der Lehrer schickte mich zur Vorbereitung seines Unterrichts in das benachbarte Fachgebäude, um aus einem der vielen Holzschränke und Glasvitrinen eine präparierte Silbermöwe zu holen. Mir war es unheimlich im stummen Zoo der schweigenden Tiere. Über all den präparierten Säugetieren, Vögeln, Amphibien und Reptilien schwebte ein fantastischer Vogel mit einer enormen Spannweite. Er war vielfach geflickt und hatte einen kühnen Knick an beiden Flügelspitzen. Es schien einmal eine Silbermöwe gewesen zu sein, denn Lehrer und Hausmeister hatten das Präparat über die Jahre mit Federn anderer Möwen und Seeschwalben ausgebessert und den leuchtend gelben Schnabel mit immer neuen Farbschichten aufgefrischt.

Unvergesslich bleibt mir, dass selbst dieser vielfach geschundene Balg im stummen Zoo des Fachgebäudes noch etwas von seiner Würde behalten hatte. Mit leicht geneigtem Kopf blickte diese groteske Mutter aller Möwen mit kalter Verachtung auf die Schatzkammern um sie herum. Sie hatte vieles gesehen, bevor sie zum Anschauungsobjekt verkommen war.

Porträt einer Silbermöwe, die an der Ostsee neben der Mantelmöwe zu den Großmöwen gehört

Sturmmöwen sind Koloniebrüter, die entlang der Ostseeküste auf einigen abgelegenen Vogelinseln letzte Rückzugsgebiete besiedeln

Humoristen haben ein deutlich entspannteres Verhältnis zur Möwe. In Edward Lears „Ungereimtem ABC“ trägt eine mitleidige Meeresmöwe einen komischen Kauz samt Reisetasche nach Amerika, weil der nicht fliegen kann. Christian Morgenstern

fand, dass alle Möwen aussehen, als ob sie Emma hießen. Er rät denjenigen unter uns, die diesen Namen tragen dürfen, sich mit so viel Möwenähnlichkeit zufrieden zu geben und nicht auch noch fliegen zu wollen. Joachim Ringelnatz hat im Gedicht zugegeben, einmal eine Möwe geschossen zu haben. Angeblich wollte er damit die ruhelose Seele eines auf ewig verdammten Seemanns erlösen. Danach bekam er ein schlechtes Gewissen und zweifelte angesichts des blutüberströmten Vogels doch an dem alten Aberglauben. Ob er das Gedicht auf Hiddensee geschrieben hat, als er 1929 bei Stummfilmstar Asta Nielsen zu Besuch war, weiß man bis heute nicht. Deren Haus „Karusel“ in Vitte steht nicht weit vom Möwenort. Als die Schauspielerin wegen Hitlers Machtübernahme in Deutschland nach Dänemark zurückkehrte, schrieb Asta Nielsen: „Möwen werden sehr alt, habe ich gelesen, oft älter als dreißig Jahre. Ob die Möwen in Vitte manchmal

an mich denken?“ Die von Ringelnatz gezeichneten Möwen sehen jedenfalls nachdenklich aus.
Sollte sich der Klimawandel weiter beschleunigen und auch die Plankton-, Krill- und Fischbestände der Bodden und Meere beeinträchtigen, könnte das große Sterben in den Weiten der See bald alle Prognosen übertreffen. Vielleicht wird dann eines Tages der Anblick von Möwen auf einer Hafenlaterne zu einer ebenso bestaunten Sensation werden wie heutzutage Seeadler oder Kraniche. „Die Shantychöre aus den Bordlautsprechern der Ausflugsdampfer werden dann erst recht von der kleinen Möwe röhren, die nach Helgoland fliegen soll. Vielleicht überleben sie uns ja und säubern danach in ihrer gründlichen Art den Planeten von unseren tristen Hinterlassenschaften“, schreibt der Rügener Autor Holger Teschke in einem Essay. Bis dahin werden uns die Möwen hoffentlich weiter über Land und Meer begleiten.

Möwen der Ostsee

Auf der gesamten Erde gibt es Möwen, insgesamt 47 verschiedene Arten. Elf Arten brüten in Europa, fünf weitere erscheinen hier als Gäste. Im Bereich der Ostsee sind fünf Arten beheimatet. Möwen sind kleine bis große Seevögel mit schlanken bis kräftigen Schnäbeln, langen Flügeln, einem rechteckigen Schwanz sowie Schwimmhäuten zwischen den Zehen. Oberseits sind sie in der Regel grau oder schwarz gefärbt – unterseits meistens weiß. Bei einigen Arten ist der Kopf in der Brutzeit dunkel. Schnabel und Beine sind mit knalligem Gelb oder leuchtendem Rot oftmals lebhaft gefärbt. Bei vielen Möwenarten sind Brut- und Ruhekleid verschieden, die Jungvögel erscheinen in braunem Federkleid.

Möwen erscheinen an den Küsten der Ostsee in einer Vielzahl von Federkleidern. Jungvögel verändern ihr Gefieder Schritt für Schritt durch die Mauser bis ins Erwachsenenkleid. Das dauert zwei bis fünf Jahre. Dadurch wird die Bestimmung unausgefärbter Möwen selbst für den Fachmann zu

*Lachmöwen können nur auf kleinen Inseln brüten,
auf denen üppige Schilfbestände
natürlichen Schutz vor Wind und Feinden bieten*

Mantelmöwen absolvieren tagsüber ausgedehnte Kontrollflüge und suchen zwischen Spülsaum und Düne nach Nahrung

einer ausgesprochenen Kunst. Tragen die Tiere das Alterskleid, wird die Bestimmung leichter. Möwen sind gesellige Vögel, die manchmal in größeren Kolonien und größeren Schwärmen an Salz- und Süßwasser leben. Sie fressen jede tierische Nahrung und Abfälle und sind bei der Nahrungssuche nicht zimperlich. Zwar verbleiben Möwen größtenteils in Küstennähe oder im Binnenland – leben aber auch im freien Wasser und auf der offenen See.

Wie alle anderen Vögel der Ostsee haben auch die Möwen der Ostsee eine besondere Eigenschaft: Die hier lebenden Arten können sowohl in Salz- als auch in Süßwasser existieren und sind auf diese Weise in einem einzigartigen und empfindlichen Ökosystem vereint. Die Ostsee bietet Möwen vielfältige Lebensräume – die offene See, kleine und große Inseln, winzige Eilande in der Schärenwelt, sanfte Küstenlinien, felsige Küsten sowie Bodden, Buchten und Lagunen. Von den Seevögeln sind auch in der Ostsee die Möwen allgegenwärtig und am häufigsten Silber-, Herings-, Sturm- und Lachmöwe vertreten. Aus dem Nordosten ist neuerdings die Weißkopfmöwe – eine eigenständige Unterart der Silbermöwe – auf dem Vormarsch. Wer diesen

Da Lachmöwen auch die Wintermonate an Bodden und Meer verbringen, ruhen sie nach der Nahrungssuche auf den zugefrorenen Gewässern aus

Vogel beobachtet, sieht sofort, dass es sich bei dieser Möwe eigentlich um eine Silbermöwe handelt, bei der jedoch die gelben Beine sofort ins Auge stechen. In diesem Moment fühlen sich viele Beobachter an die Heringsmöwe erinnert, die jedoch dunkle Flügeloberseiten und keine hellgrauen besitzt. Außerdem fallen bei der Weißkopfmöwe bei genauerem Hinsehen auch der gelbe Augenring und das leuchtende Gelb des Schnabels auf. Die in Finn-

land, dem Baltikum und auf östlichen Inseln brütende Zwergmöwe erreicht in Dänemark den westlichsten Punkt ihres Verbreitungsgebietes. Damit ist diese kleinste europäische Möwe bei ihren Wanderungen in den Sommermonaten auch auf den Inseln Rügen und Hiddensee sowie im weiträumigen

Silbermöwen sind ständig hungrig und behalten tagsüber jeden Winkel ihrer Reviere im Auge

Küstenraum Mecklenburg-Vorpommerns zu sehen. Die südosteuropäische Schwarzkopfmöwe bildet an der Südküste immer wieder Brückenköpfe. Aus der Nordsee eingewandert ist die Dreizehenmöwe, die als Brutvogel hoher Steilfelsen nur wenige Stellen im Kattegatt besiedeln kann.

Die Möwen der Ostsee haben sich im Verlaufe vieler Jahrhunderte in exzellenter Art und Weise an die besonderen Lebensbedingungen und -umstände an Bodden und Meer angepasst. Als Vögel

mit einem ausgesprochenen Hang zu maritimen Lebensräumen haben sich Möwen jedoch auch mit den technischen Einrichtungen des Menschen arrangiert und profitieren zu bestimmten Jahreszeiten an bestimmten Orten vom Tun und Handeln der Zweibeiner. Wir alle kennen die großen Möwenschwärme, die im Spätsommer den pflügenden Traktoren auf den küstennahen Äckern

Möwen suchen nicht nur am Wasser nach Futter

folgen. Jene Futtergaben aus den Tiefen des Erdreichs, die den immer hungrigen Möwen ohne Hilfe des Menschen nicht zugänglich wären, gelangen durch die eisernen Zacken der Pflugscharen an die Oberfläche und werden dort von den Möwen aufgepickt und verschlungen. Regenwurm, Engerling & Co. stellen für die Seevögel in dieser Zeit des Jahres eine wichtige Nahrungsgrundlage da, denn zwischenzeitlich geben Möwen ihre Lebensräume an den Küsten der Ostsee und an den Boddengewässern auf. Dem maritim ausgerichteten Vogel nützt es nämlich nichts, wenn die Strände der Ostseeküsten in den Sommermonaten mit zahlreichen Sonnenanbetern und Badelustigen übervölkert sind und daher auch die Nahrungsgrundlagen zwischen Spülsaum und Düne immer knapper werden. Möwen haben gelernt, immer dort aufzutauchen, wo es für sie etwas Fressbares zu holen gibt.

Kehrt an den Küsten der Ostsee nach den heißen Sommermonaten wieder Ruhe ein, nehmen die Möwen ihre Sitz- und Aussichtsplätze an den Ufern von Bodden und Meer wieder ein und schauen von großen Findlingen, Buhnen, Bojen oder alten Hafenpfählen aus in die Runde. Ihnen entgeht

Möwen sind ausdauernde Gleitflieger, die täglich weite Strecken zurücklegen

nichts. Nicht die tote Flunder, die mit dem weißen Bauch nach oben an der Wasseroberfläche treibt. Nicht die zahlreichen Miesmuscheln, Garnelen und Jungdorsche, die mit großen Tangmengen an den Strand gespült wurden. Auch nicht das angebissene Brötchen, das auf einem Fahrgastschiff über Bord ging und eine schaukelnde Reise über Ostseewellen hinter sich hat. Möwen haben alles im Auge, putzen die Strände und erscheinen als weiße Kreuze über blauen Wellen. Sie arrangieren sich mit den natürlichen Veränderungen im Wandel der Jahreszeiten und nehmen neue Lebensräume ins Visier. Möwen können sich immer anpassen – egal woher sie kommen und welche Lebensgrundlagen sie dort gewohnt waren.

Es sind Vögel mit einem ausgesprochenen Drang zum Überleben. Faszinierende Tiere, die die Küsten der Ostsee in besonderer Weise komplettieren, ausgedehnte Schilfgürtel und kleine Inseln im Bodden mit Leben erfüllen und in den Weiten der See als willkommene Gesellschafter auftauchen. Sie sind Botschafter und Boten mit weit reichenden Befugnissen: Möwen tragen unsere Gedanken und Gefühle bis hinter den Horizont …

Eine Silbermöwe begrüßt in der Kolonie den am Nest landenden Brutpartner

Möwen – wie hier Lachmöwen (fliegend) und Silbermöwen (sitzend) – legen im Winter ihre Scheu vor dem Menschen ab und nehmen Futtergaben aus seiner Hand an

Mantelmöwe

Die Mantelmöwe (Larus marinus) ist die größte Möwe der Ostsee. Die an den Küsten der südlichen Ostsee und somit auch in Mecklenburg-

Vorpommern als heimisch geltende Brutvogelart ist noch etwas größer als die Silbermöwe – fast gänsegroß.

Mantelmöwen, die mit kraftvollen, reiherähnlichen Flügelschlägen unterwegs sind, wirken auf den Beobachter immer etwas schwerfällig. Von der ähnlichen Heringsmöwe, die ebenfalls dunkle Flügeloberseiten, dafür jedoch gelbe Beine besitzt, unterscheiden sich Mantelmöwen nicht nur durch ihre stattliche Größe, sondern auch durch ihre fleischfarbenen Beine. Durch ihre breiten Flügel in dunkler Färbung, relativ kurzen Beinen und dem mächtigen, gelben Schnabel mit rotem Fleck sind Mantelmöwen in ihrem äußeren Erscheinungsbild unverkennbar. Bei Altvögeln sind der Rücken und die Oberflügel schwarz. Zusätzlich werden diese durch einen schmalen, weißen Hinterrand sowie kleinen, weißen Flecken vor den Flügelspitzen ge-

Dunkle Flügeloberseiten
Gelber Schnabel mit rotem Fleck
Weißer Körper, fast gänsegroß
Relativ kurze fleischfarbene Beine

Mantelmöwen sind als Großmöwen in der Lage, größere Beutetiere zu fressen – wie hier eine stattliche Flunder

kennzeichnet. Der restliche Körper dieses Seevogels ist weiß. Im Flug fallen die hellen Unterflügel sowie die dunklen Armschwingen auf. Junge Mantelmöwen besitzen braune Flügel, einen weißen Körper sowie einen weißen Schwanz mit einer breiten, braunen Endbinde. Ab dem zweiten Lebensjahr werden zunächst der Rücken, dann auch die Oberflügel zunehmend dunkler. Ab dem dritten und vierten Lebensjahr sind die Vögel dann fast ausgefärbt. Wenn sich Mantelmöwen durch Lautäußerungen verständigen, fallen ihre tiefen Rufe, die sich mit „krau", „ouk" und „ga ga ga …" wiedergeben lassen, auf. Die Rufe sind tiefer und rauer als bei allen anderen Möwen. Mantelmöwen sind als reine Küstenvögel unterwegs, die nur sehr selten im Binnenland vorkommen. Gemeinsam mit anderen Großmöwen halten sie sich an Flach- und Steilküsten, auf Müllhalden in Meeresnähe sowie draußen auf offener See auf. Als Brutvogel ist die Mantelmöwe hauptsächlich an den Küsten der mittleren und nördlichen Ostsee verbreitet. Seit einigen Jahren nistet sie jedoch regelmäßig – wenn auch in geringerer Zahl – auf Vogelinseln der südlichen

Junge Mantelmöwen müssen sich in freier Wildbahn bewähren und überstehen die Wintermonate oft auch durch Fressen von Aas

Mantelmöwen, als ausdauernde Segelflieger unterwegs, haben eine Flügelspanne von anderthalb Metern

Ostsee. Die Brutzeit beginnt im Mai und endet im Juni. Beide Eltern brüten und füttern die Jungen. Ansonsten sind Mantelmöwen als regelmäßige Gäste an allen Küsten Mitteleuropas anzutreffen. Die Nahrung dieser Vögel ist wie bei allen andere Möwen sehr vielseitig und besteht aus Fischen und anderen Meerestieren, Abfällen, Aas und Wirbeltieren. Mantelmöwen sind vielerorts standorttreu, können jedoch als Zugvögel größere Wanderungen zurücklegen. Während die Mantelmöwen auf Island und den Färöern bleiben, wandern Mantelmöwen aus Nordrussland und Nordnorwegen im Winter

bis zu den Britischen Inseln. Die Ostsee-Populationen überwintern zwischen Ostsee und Kattegatt mit den größten Ansammlungen an den Belten und im Kattegatt. Die größten Bestände finden sich in den Winterquartieren zwischen November und Februar. Der Heimzug findet zwischen Ende Februar und Anfang April statt. Nichtbrüter verbringen den Sommer im Winterquartier oder irgendwo zwischen Überwinterungs- und Geburtsort. Entlang der Ostseeküste fallen Mantelmöwen durch ihre Größe und markantes äußeres Erscheinungsbild das ganze Jahr über in besonderer Weise auf. Auch wenn Mantelmöwen an den Küsten der südlichen Ostsee seltener anzutreffen sind, warten besonders hier auf den interessierten Beobachter Möwenbegegnungen der besonderen Art. Wenn die Boddengewässer oder stille Ostseebuchten zufrieren und sich alle Wasservögel der Umgebung an den wenigen eisfreien Stellen des Meers versammeln, tauchen hier neben Seeadlern auch Mantelmöwen auf. Sowohl Großmöwen als auch Greifvögel treten in der kältesten Zeit des Jahres als eine Art „Gesundheitspolizei" in Erscheinung, denn mit dem Fressen und Beseitigen der Kadaver verendeter Wasservögel leisten diese Beuteverwerter einen wichtigen Beitrag im Naturhaushalt der Meere, Bodden und Küsten. Mantelmöwen auf dem Eis zu beobachten, gehört für viele Natur- und Vogelfreunde zu den Höhepunkten in der kältesten Zeit des Jahres. Die Möwen starten immer wieder zu kurzen Erkundungsflügen über das Eis, um sich einen Überblick über eventuell vorhandene Futterquellen zu verschaffen. Da Schwäne, Gänse, Rallen und Enten in der Not des Winters Futtergaben aus der Hand des Menschen annehmen und dafür ihre natürliche Fluchtdistanz deutlich minimieren, können in dieser Zeit auch Mantelmöwen sehr eindrucksvoll aus nächster Nähe beobachtet werden.

Möwen haben den entscheidenden Vorteil, dass sie nicht nur fliegen und laufen, sondern auch schwimmen können

Silbermöwe

Die Silbermöwe (Larus argentatus) ist die häufigste Großmöwe an der Küste. Sie ähnelt in der Färbung der Sturmmöwe, die jedoch deutlich kleiner ist.

Oberflügel und Rücken der Silbermöwe sind hellgrau, der Flügelhinterrand erscheint bei der Freilandbeobachtung weiß. Die Flügelspitzen sind schwarz mit weißen Flecken, die Beine fleischfarben (rosa) und der Schnabel gelb – mit einem orangefarbenen Fleck nahe der Spitze.

Die Jungvögel sind im ersten Lebensjahr überwiegend braun gefärbt und tragen einen dunklen Schnabel. Bei nachfolgendem Mausern werden sie allmählich heller und gleichen im dritten Lebensjahr den Altvögeln. Alle Großmöwen legen erst im vierten Lebensjahr das typische Alterskleid an und werden dann geschlechtsreif. So kommt es, dass Strandwanderer an den Küsten viele braune Möwen beobachten können.

Im ersten Lebensjahr lassen sich junge Silbermöwen kaum von jungen Mantel- oder Herings-

Gelber Schnabel mit orangefarbenem Fleck nahe der Spitze
Oberflügel und Rücken sind hellgrau
Schwarze Flügelspitzen mit weißen Flecken
Fleischfarbene Beine

Wer Möwen an der Ostsee beobachtet,
kann die Vögel in verschiedenen Federkleidern sehen – hier im Bild
eine junge Silbermöwe (links) und ein Altvogel

möwen unterscheiden – vom Größenunterschied einmal abgesehen. Wenn Silbermöwen ihre Rufreihen erklingen lassen, fühlt sich der Zuhörer an ein Jauchzen erinnert. Das Jauchzen wird von den Vögeln mit erhobenem Kopf, weit vorgestrecktem Hals und weit aufgerissenem Schnabel vorgetragen. Es klingt wie „kija kija kija kjaa kjau … kau“ – dabei werden die Rufe immer schneller. Der am häufigsten zu hörende Ruf ist ein lautes „kiau“, das bei Erregung im Stakkato „gagaga …“ vorgetragen wird. Junge fiepen hoch und schrill „psiie“. Silbermöwen leben an Steil- und Flachküsten sowie im küstennahen Binnenland an Gewässern oder auf Wiesen. Im Winterhalbjahr hält sich diese Großmöwenart gern in Küstenstädten auf, weil es in der Nähe des Menschen sichere Nahrungsgrundlagen gibt.

Als Brutvogel kommt die Silbermöwe sowohl auf Vogelinseln als auch an steilen Küstenabschnitten vor. Inzwischen sind Silbermöwen als Brutvögel bis ins Binnenland vorgedrungen. Nachdem die Brutbestände an der Ostseeküste in früheren Jahrzehnten gezielt reguliert wurden, um seltene Seevogel- und Watvogelarten in Nachbarschaft dieser

Wenn die Küken der Silbermöwe geschlüpft und getrocknet sind, verlassen sie das Nest – immer gut bewacht von den Elterntieren

Großmöwe zu schützen, hat sich der Bestand der Silbermöwe in jüngerer Zeit auf natürliche Art und Weise normalisiert. Da der Mensch besonders in den Küstenstädten sein Abfallproblem in den Griff bekommen und offene Mülldeponien gänzlich abgeschafft hat, stehen den Silbermöwen damit nicht mehr die unnatürlichen Futterquellen der Vergangenheit zur Verfügung. Die Zeiten, in denen junge Silbermöwen ausschließlich mit Zivilisationsmüll gefüttert wurden, sind vorbei. Längst greifen Großmöwen an den Küsten der Ostsee sowie an den Bodden auf natürliche Futterquellen zurück und ernähren sich überwiegend von Fischen, Muscheln und anderen Meerestieren.

In Vogelschutzgebieten wird bis heute darauf geachtet, dass die Zahl der Silbermöwenpaare das verträgliche Maß nicht übersteigt, um der Gefährdung geschützter Küstenvogelbestände durch Eierraub vorzubeugen. Silbermöwen gehören zu den häufigsten Begleitern auslaufender Schiffe und sammeln sich mit anderen Großmöwen oft in riesiger Zahl um Fischereischiffe. Ursprünglich waren die Nester der Silbermöwen ausschließlich auf Sand- oder

In den Häfen entlang der Ostseeküste lauern junge Silbermöwen immer auf Futter

Felsenböden zu finden, doch neuerdings brüten sie auch auf großen Flachdächern in den Küstenstädten. Die Brutzeit beginnt Ende April und endet Anfang Juni.

Silbermöwen sind größtenteils standorttreu, lediglich die nördlichen Populationen sind Teilzieher. Viele Populationen überwintern nahe der Brutorte, wo sie sich an nahrungsreichen Orten wie Fischereihäfen oder Mülldeponien aufhalten. Hier kann es von Ansammlungen von bis zu 20.000 Vögeln kommen. Junge Möwen legen in ihrem ersten Winter oftmals größere Wanderungen zurück. Noch weiter ziehen Silbermöwen jedoch im zweiten Winter. Ab dem folgenden Frühjahr setzt bei diesen Vögeln dann wieder verstärkter Heimzug ein. Insgesamt reicht das Hauptüberwinterungsgebiet der Silbermöwe vom südwestlichen Ostseeraum und Südnorwegen bis zu den Britischen Inseln im Westen und zur Loire in Frankreich beziehungsweise an der Biskayaküste bis zur Gironde. In den Niederlanden, Norddeutschland, Nordpolen und den Staaten des Baltikums findet sich die Art auch relativ weit im Binnenland.

Silbermöwen sind fürsorgliche Vogeleltern, die ihren Nachwuchs mit vorverdauter Nahrung füttern

Sturmmöwe

Die Sturmmöwe (Larus canus) gehört im Vergleich zur Mantel- und Silbermöwe zwar zu den kleineren Möwen, ist aber deutlich größer und kräftiger als die Lachmöwe.

Im Gegensatz zur kleineren Schwester hat die Sturmmöwe jedoch spitze statt runde Flügelenden. Erwachsene Sturmmöwen im Alterskleid wirken in Färbung und Aussehen wie das kleinere Abbild der wesentlich größeren Silbermöwe. Rücken und Oberflügel der Sturmmöwe sind blaugrau gefärbt und zeigen einen weißen Flügelhinterrand. Die Flügelspitzen sind schwarz und tragen neben einem großen, weißen Fleck auch viele kleinere, weiße Saumflecken. Körper und Kopf sind dagegen reinweiß, die Beine grüngelblich und der Schnabel gelb gefärbt. Im Winter ist der Kopf fein dunkel gestrichelt. Die Jungvögel der Sturmmöwe tragen – wie alle heranwachsenden Möwen – ein braunes Gefieder. Der Körper wirkt braun gestrichelt, der Rücken braun geschuppt und die Flügel tragen graubraune Bänder sowie schwarze Spitzen. Der Schwanz ist

Schwarze, spitze Flügelenden,
großer weißer Fleck ,
viele kleinere weiße Saumflecken
Blaugrauer Rücken
und Oberflügel
Grüngelbliche
Beine
Gelber
Schnabel
Weißer
Flügelhinterrand
Reinweißer
Körper
und Kopf

weiß und wird zusätzlich durch ein breites, dunkles Endband gekennzeichnet. Bei jungen Sturmmöwen ist die Grundfarbe des Körpers weiß, die des Schnabels schwarzbraun mit einer hellen Basis. Die Rufe aller Sturmmöwen sind hell und schrill und lassen sich mit einem „kiia“ wiedergeben.

Sturmmöwen leben sowohl im Bereich der Küsten als auch im Binnenland. Im Winterhalbjahr finden sich diese Vögel, die im Sommer paarweise in Brutkolonien leben, zu größeren Schwärmen zusammen. Sturmmöwen bleiben das ganze Jahr über in ihrer Brutheimat. Auch wenn sie hauptsächlich an den Küsten brüten, sind sie regelmäßiger Wintergast an größeren Binnengewässern. Dort nehmen sie mitunter an Fütterungen teil, obgleich sie dabei wesentlich scheuer als Lachmöwen sind. Wie bei allen heimischen Möwen ist auch die Nahrung der Sturmmöwe sehr vielseitig: Würmer, Insekten, Mollusken sowie tote und kranke Fische. Auch Abfall an Müllplätzen sowie Aas in der freien Natur werden nicht verschmäht.

Das Nest der Sturmmöwe befindet sich in der Regel am Boden – und das in einer Brutkolonie auf

Sturmmöwen brüten am Boden und legen ihre Nester auf Seevogelinseln häufig im Schutz höherer Grasbüschel an

Sturmmöwen machen ihrem Namen alle Ehre und sind bei Wind und Wetter über der weiten See unterwegs

einer Vogelinsel. Ausnahmsweise nisten diese Vögel jedoch auf Pflanzenbülten oder auf alten Holzpfählen und Pollern in Häfen. Die Brutzeit erstreckt sich von Mai bis Juli. In Mecklenburg-Vorpommern befindet sich auf der Vogelinsel Langenwerder die größte Sturmmöwen-Kolonie der südlichen Ostsee. Auf dem kleinen Eiland vor der Küste der Ostseeinsel Poel, das bereits 1911 als Küstenvogelschutzgebiet unter Schutz gestellt wurde, nisten jährlich zwischen 2.500 und 3.000 Sturmmöwen. In Schles-

wig-Holstein brüten Sturmmöwen auf Vogelinseln – beispielsweise auf Trischen und Fehmarn sowie auf Flachdächern in Küstennähe. In Hamburg nistet diese Möwenart auf der Hohen Schaar. Sturmmöwen können ein beträchtliches Alter erreichen. Das höchste durch Ringwiederfunde belegte Alter einer in Dänemark beringten Sturmmöwe belief sich auf 33 Jahre und acht Monate. In Deutschland wurden zwei Tiere nachweislich 21 Jahre und elf beziehungsweise 21 Jahre und sieben Monate alt. Der Weltbestand der Sturmmöwe beläuft sich schätzungsweise auf eine Million Brutpaare. Damit wird

Wenn Sturmmöwen im zeitigen Frühjahr ihr Brutrevier erreichen, beginnen sie mit der Balz, die auch im Flachwasser der Ostsee eine Bühne findet

diese Möwenart von der IUCN (International Union for Conservation of Nature) aktuell als nicht bedroht eingestuft.

In Europa nahmen die Bestände in der Mitte des 20. Jahrhunderts wie bei vielen Möwenarten stark zu, was auf die Einrichtung zahlreicher Seevogelschutzgebiete nach dem Zweiten Weltkrieg, das zunehmend milde Klima und das verbesserte Nahrungsangebot im Winter zurückzuführen ist. In Mittel- und Westeuropa wurde der Höhepunkt der Bestände Ende der 1970er-Jahre erreicht, als die Winterbestände so groß waren, wie nie zuvor. Danach erfolgten bis in die 1990er-Jahre Rückgänge. Bis 2000 stabilisierten sich vielerorts die Bestände wieder auf einem wesentlich niedrigeren Niveau – andernorts hält der leichte Rückgang weiter an. Die Ursachen dafür sind lokal unterschiedlich und begründen sich in der Regel in verschlechterten Ernährungsbedingungen, Lebensraumverlusten, Störungen zur Brutzeit durch touristische oder andere Aktivitäten, das Absammeln von Eiern und lokal die Einwanderung von Bodenfeinden wie Marderhunden oder Nerzen auf zuvor unbesiedelten Inseln.

Seltener Anblick: Eine Sturmmöwe auf dem Weg zu ihrem Nest – umrahmt von den zartrosa Blüten der Grasnelke

Lachmöwe

Die Lachmöwe (Larus ridibundus) ist nicht nur in allen Bereichen der Ostseeküste anzutreffen, sondern nistet auch im Binnenland, wo sie in der Regel die einzige Seevogelart ist, die sich regelmäßig beobachten lässt. Sie ist die häufigste kleinere Möwe Europas.

Lachmöwen besitzen einen abgerundeten Schwanz, einen kleinen Kopf und eine schlanken Schnabel. Altvögel tragen im Sommer eine schwarzbraune Kopfmaske mit einem weißen Augenring. Im Winter ist der Kopf weiß mit schwarzen Flecken in der Augen- und Ohrengegend. Die Oberseite dieser Möwe erscheint weiß bis hellgrau, die Spitzen der Schwingen sind schwarz, Schnabel und Beine sind dunkelrot gefärbt. Im Flug zeigen die Flügelspitzen jedoch immer einen weißen Vorderrand.

Junge Lachmöwen zeigen – wie alle anderen Möwen der Ostsee – überwiegend Brauntöne im gesamten Federkleid. Dabei enthalten Oberkopf, Rücken und Brustseiten das meiste Braun. Die Flügel erscheinen grau und weisen ein braunes Band auf,

Kleiner Kopf
Schwarzbraune Kopfmaske mit weißem Augenring
Schlanker, dunkelroter Schnabel
Oberseite weiß bis hellgrau
Dunkelrote Beine

das sich über beide Flügeldecken erstreckt. Der Schwanz ist weiß und präsentiert sich mit einer breiten, dunklen Endbinde. Das Jugendkleid wird bereits im Spätsommer beziehungsweise bis in den Herbst hinein gemausert. Das erste Winterkleid gleicht an Kopf und Körper den Altvögeln, Flügel und Schwanz enthalten aber noch die braunen Abzeichen des Jugendkleides. Auch im darauf folgenden Sommer kann man die Jungvögel noch an der dunklen Schwanzbinde erkennen. Meist ist die dunkle Maske des Sommerkleides mit vielen weißen Federn durchsetzt und nicht vollständig. Erst im zweiten Winter können keine Unterschiede mehr zwischen Alt- und Jungvögeln beobachtet werden.

Die Rufe der Lachmöwe lassen sich am besten mit „kwär" oder kurz „kwep" – bei Gefahr auch „kirr" – beschreiben. In großen Brutkolonien herrscht vor allem bei Gefahr ein ohrenbetäubender Lärm, wenn Tausende von Lachmöwen auf einmal rufen. Die kleinen Möwen sind Brutvogel in der Verlandungszone von Teichen und Seen, auf Vogelinseln und Salzgraswiesen sowie in Dünen. Die Nahrung wird

Lachmöwen sind Bodenbrüter und nisten auf Vogelinseln immer in Gesellschaft von Brandseeschwalben

oft im Spülsaum größere Gewässer, auf Wiesen und Äckern sowie an Müllkippen oder Abfallhaufen gesucht. Lachmöwen sind dafür bekannt, dass sie in harten Wintern sehr schnell ihre Scheu als Wildtiere ablegen und Futtergaben aus der Hand des Menschen annehmen. Standorte von Brutkolonien werden oft über viele Jahre hinweg genutzt. Heimische Lachmöwen, die an deutschen Küsten brüten, ziehen im Winterhalbjahr größtenteils weg – die Bestände in der kältesten Zeit des Jahres stammen meistens aus Ost- und Nordeuropa.

Den Lachmöwen wird vielerorts mit viel Misstrauen begegnet. Angeblich sollen sich die Bestände stark vermehrt haben. Tatsächlich wachsen die Brutbestände an der Küste und im Binnenland seit Jahren nicht mehr. Die Zahl jener Lachmöwen, die in Städten überwintern, hat mancherorts zugenommen, doch die Möwen haben hier nur einen Lebensraum mit viel Nahrung entdeckt.

Lachmöwen ernähren sich sehr vielseitig: Im Sommer spielen Regenwürmer eine große Rolle, doch eine Schädigung der Bestände des wichtigen Bodenbewohners ist nicht nachzuweisen. Auch die

Lachmöwen im Winter-, Ruhe- und Schlichtkleid fehlt das braune Gesicht des Sommers

Lachmöwen balzen im Frühjahr gern auf den Wellen der Ostsee in unmittelbarer Nähe zum Brutplatz. Hier pirscht sich das Männchen (links) vorsichtig an seine Auserwählte heran

Larven von Insekten, die im dunklen Erdreich leben – beispielsweise Drahtwürmer und Engerlinge – werden von den hinter dem Pflug oder auf frisch gemähten Wiesen nach Nahrung suchenden Lachmöwen gefressen. Außerdem stehen viele Kleintiere, die an Land oder in Gewässern leben, auf dem Speisezettel dieser Seevogelart.

Die Nester der Lachmöwe stehen in Pflanzenbüscheln am oder im Wasser sowie auf Freiflächen kleinerer Inseln – in der Regel dicht beisammen in größeren Kolonien. In den Brutgebieten entlang der Ostseeküste sowie in den Boddengewässern treten Lachmöwen vielerorts gemeinsam mit Brandseeschwalben auf, mit denen sie sich für eine gemeinsame Brutsaison vergesellschaften. Beide Küstenvogelarten profitieren dabei direkt voneinander: Brandseeschwalben von der Wachsamkeit der Lachmöwen – Lachmöwen von den erfolgreichen Fischjägern. Die Brutzeit erstreckt sich von April bis Juli.

Lachmöwenküken tragen ein geflecktes Daunenkleid, mit dem sie gut an ihre Umgebung angepasst und von Feinden aus der Luft nur schwer zu entdecken sind

Schwarzkopfmöwe

Die Schwarzkopfmöwe (Larus melanocephalus) ist an den Küsten der südlichen Ostsee erst seit zwei Jahrzehnten ein regelmäßiger Gast sowie sporadischer Brutvogel.

Zwar ähnelt diese Art auf den ersten Blick der Lachmöwe – auch im Größenvergleich –, doch hat die Schwarzkopfmöwe dem Namen nach kein schokoladenbraunes Gesicht, sondern einen schwarzen Kopf. Dabei reicht die schwarze Kapuze bis zum Hinterhals. Besonders auffällig sind bei den Altvögeln außerdem die korallenroten Beine sowie der ebenso gefärbte Schnabel. Bei älteren Erwachsenen trägt der Schnabel eine schwarze Querbinde und eine orangefarbene Spitze. Diese für Möwen eher ungewöhnliche Farbigkeit sticht vom reinweißen Körper und den blaugrauen Flügeldecken ab. Im Ruhekleid, das zum Winterhalbjahr angelegt wird, trägt die Schwarzkopfmöwe einen weißen Kopf, der von einem dunklen Fleck hinter dem Auge sowie dunklen Ohrdecken gekennzeichnet ist. In allen Federkleidern besitzen Altvögel sehr

Schwarzer
Kopf bis zum
Hinterhals
reinweißer
Körper
Korallenroter
Schnabel
Blaugraue
Flügeldecken
Korallenrote
Beine

Männchen der Schwarzkopfmöwe (rechts) versuchen auf einigen Vogelinseln an der Ostseeküste die Partnerschaft mit Weibchen der Sturmmöwe einzugehen

helle Flügelfedern, die einen hellgrauen Mantel bilden – abgesetzt mit weißen Handschwingen. Im Gegensatz dazu hat die ähnliche Lachmöwe einen dünneren Schnabel, dunkle Unterseiten an den Handschwingen, einen weißen Flügelvorderrand sowie schwarze Flügelspitzen.

Wer beim Beobachten der Schwarzkopfmöwe empfindet, dass sich der exotisch anmutende Vogel an die raue Ostseeküste verirrt hat, hat den sprichwörtlichen Nagel auf den Kopf getroffen, denn Schwarzkopfmöwen waren früher ausschließlich in Südosteuropa beheimatet. Durch den fortschreitenden Klimawandel, der Vogelarten wärmerer Gefilde weiter in Richtig Norden treibt und sie sogar bis an die Küsten vordringen lässt, hat in den letzten Jahrzehnten an Bodden und Meer weitere exotisch anmutende Vogelarten heimisch werden lassen – beispielsweise den Silberreiher sowie Weißbart- und Weißflügelseeschwalben.

Schwarzkopfmöwen, die eine quäkende, nasale Stimme besitzen, ähneln im ersten Winterkleid sowie im Kleid der Einjährigen jungen Sturmmöwen, doch ihr grauer Mantel ist viel heller, die Oberflächenzeichnung wirkt kontrastreicher, Schnabel und Beine sind schwärzlich. Zweijährige Schwarz-

Junge Schwarzkopfmöwen sind gut an den braunen Flügeldecken, dem gescheckten Kopf sowie am orangefarbenen Schnabel mit schwarzer Spitze zu erkennen

kopfmöwen, die wie Altvögel aussehen, haben auf den äußeren Handschwingen einige variable Abzeichen.

Die wichtigsten Lebensräume dieser Möwenart bilden Lagunen, Salzseen, Vogelinseln und Marschen. Schwarzkopfmöwen betreiben Brut und Jungenaufzucht in Kolonien, deren Nester sowohl am Boden als auch im flachen Wasser zu finden sind. Beide Eltern brüten und füttern die Jungen. Die Nestmulde wird mit Gras und Federn ausgepolstert. Schwarzkopfmöwen ernähren sich von Insekten, Fischen, Weichtieren und Abfällen. Die Brutzeit erstreckt sich von Mai bis Juni.

Die ersten Brutpaare der Schwarzkopfmöwe wurden in Mecklenburg-Vorpommern auf der Vogelinsel Langenwerder in der Wismarbucht nachgewiesen. Dort kamen zuerst einzelne Vögel an – hauptsächlich Männchen. Ihrem Drang nach Partnerschaft und Fortpflanzung wollten sie zunächst bei Sturmmöwen-Weibchen ausleben. Bis zu einem bestimmten Punkt zeigten sich die weiblichen Sturmmöwen vom Werben der männlichen Schwarzkopfmöwen angetan, doch irgendwann stimmten die Bewegungen und Schritte des

Schwarzkopfmöwen, die eigentlich aus Südosteuropa stammen,
haben in den letzten Jahren
auch die deutsche Ostseeküste als Brutvögel erobert

Balzwerbens der „fremden" Möwen nicht mehr überein und es setzte Schnabelhiebe von den deutlich kräftigeren Sturmmöwendamen. In den Folgejahren siedelten sich weitere Schwarzkopfmöwen auf Langenwerder an, darunter auch weibliche Tiere. Es war nur eine Frage der Zeit, wann das erste Paar eine erfolgreiche Brut auf der kleinen Insel in der Wismarbucht absolvieren würde – und das mitten unter Sturmmöwen. Es ist eine besondere Verhaltensweise der Schwarzkopfmöwe, dass sie ihr Nest vereinzelt inmitten der Brutkolonien anderer Möwenarten anlegt. Damit profitieren die relativ kleinen und zierlichen Schwarzkopfmöwen vom Sicherheitskonzept größerer Möwenarten, das in der Brutkolonie dieser Tiere zur Anwendung kommt. Hier profitieren die vereinzelt brütenden Schwarzkopfmöwen vom Schutz der großen Vogelge-

meinschaft. In Schleswig-Holstein brüten einzelne Paare der Schwarzkopfmöwe im Binnenland.

Um beim Balztanz die Auserwählte zu beschwichtigen, vollführt das Männchen der Schwarzkopfmöwe elegante Verbeugungen

Möwe und Meer – das gehört einfach zusammen

LITERATUR

- Bildband Vögel der Ostsee, Demmler Verlag, Ribnitz-Damgarten 2012
- Bildband Tiere der Ostsee, Demmler Verlag, Ribnitz-Damgarten 2014
- Bestimmungsbuch Vögel, BLV Verlagsgesellschaft, München 2000
- Bestimmungsbuch Die Vögel Europas und des Mittelmeerraumes, Franckh Kosmos, Stuttgart 2010
- Feldornithologie, Deutscher Landwirtschaftsverlag, Berlin 1990
- Die Vogelwelt Mecklenburgs, Gustav Fischer Verlag, Jena 1987
- Die Vogelwelt Brandenburgs, Gustav Fischer Verlag, Jena 1983
- Bildband Inseln der Ostsee, DSV Verlag, Hamburg 2000
- Bildband Küsten der Ostsee, DSV Verlag, Hamburg 2003
- Bildband Lofoten Nordmeerküsten, DSV Verlag, Hamburg 2004
- Bildband Die Ostsee, Greenpeace Books, Hamburg 1992
- Bildband Herrscher des Himmels – Seeadler über Bodden, Meer und Binnenland, Verlag NESTMANNs FOTO, Lancken/Rügen 2006

Unser komplettes Programm finden Sie im Internet unter: shop.vggh.de

Neuerscheinungen Frühjahr 2021

Die Rhino-Westentaschen-Bibliothek

- 024 Thüringer Burgen
- 025 J. S. Bach – Stationen seines Lebens und Wirkens
- 026 Thüringer Kuchen & Plätzchen
- 027 Kleines Kürbisbuch
- 028 Buddhistische Weisheiten
- 029 *Großmutters Gartentipps*
- 030 Weimar von A bis Z
- 031 Kleines Berliner Mauerbuch
- 032 Rügen von A bis Z
- 033 Das kleine Ostseemöwen-Buch
- 034 Sojourns and Sayings of Martin Luther
- 035 iga, egapark, BUGA – Blumenstadt Erfurt
- 036 Heil- und Kräuterschnäpse
- 037 Kleines Thüringer Bierbuch
- 038 F. Fröbel – Stationen seines Lebens und Wirkens
- 039 *Großvaters Handwerkstipps*
- 040 Weisheiten für den Gartenfreund
- 041 Kleines Ringelnatz-Buch

- 065 Der Brocken · Mythos und Wirklichkeit
- 066 Das kleine Buch der Thüringer Trachten
- 067 Kleines Tucholskybuch
- 068 Der Molli
- 069 Kleine Geschichte Rostocks
- 070 Beethoven – Persönlichkeit, Schaffen, Mythos
- 071 Kleine Geschichte der Hanse
- 072 Kleine Geschichte der Stadt Dresden
- 073 Die Krämerbrücke
- 074 Küstenwind küsst Wüstenkind
- 075 August der Starke
- 076 Kleines Thüringer Weinbuch
- 077 Marzipan & Nougat
- 078 *Kleines Steakbuch*
- 079 Das kleine Fehmarn-Buch
- 080 Kluge Köpfe rollen am schnellsten
- 081 Thüringer Tapas
- 082 Kleine Geschichte der Stadt Leipzig
- 083 Kleines Thüringer Porzellanbuch